JINGDIAN BINGQI DIANCANG

经典兵器典藏

精 准 射 击 ——

步枪

崔钟雷 主编

知識出版社

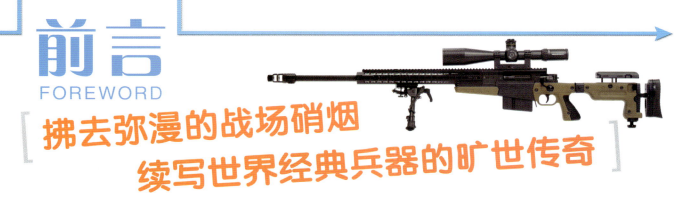

前言
FOREWORD

[**拂去弥漫的战场硝烟**
续写世界经典兵器的旷世传奇]

　　自古至今，战争中从未缺少兵器的身影，和平因战争而被打破，最终仍旧要靠兵器来捍卫和维护。兵器并不决定战争的性质，只是影响战争的进程和结果。兵器虽然以其冷峻的外表、高超的技术含量和强大的威力成为战场上的"狂魔"，使人心惊胆寒。但不可否认的是，兵器在人类文明的发展历程中，起到了不可替代的作用，是维持世界和平的重要保证。

　　我们精心编纂的这套《经典兵器典藏》丛书，为读者朋友们展现了一个异彩纷呈的兵器世界。在这里，"十八般兵器应有尽有，海陆空装备样样俱全"。只要翻开这套精美的图书，从小巧的手枪到威武的装甲车；从潜伏在海面下的潜艇到翱翔在天空中的战斗机，都将被你"一手掌握"。本套丛书详细介绍了世界上数百种经典兵器的性能特点、发展历程等充满趣味性的科普知识。在阅读专业的文字知识的同时，书中搭配的千余幅全彩实物图将带给你最直观的视觉享受。选择《经典兵器典藏》，你将犹如置身世界兵器陈列馆中一样，足不出户便知天下兵器知识。

编　者

 # 美国步枪

目录 CONTENTS

其他国家步枪

美国步枪

M14 步枪

美国 M14 步枪是 M1"加兰德"步枪的换代型,同时也是世界上早期的全自动步枪之一。M14 步枪火力迅猛,命中精度较高,调整快慢机可实施半自动或全自动射击。M14 步枪是按照战斗步枪的要求设计的。1963 年至今,M14 步枪一直在美国陆军中服役,美国海军部队也一直使用该枪作为信号枪。

M14 步枪发射的枪弹在 2 000 米距离内具有强大的杀伤能力,但 M14 步枪的威力过大,不适于短兵相接时的连发扫射,这在一定程度上影响了该枪的使用性能与作战效能。

> **不足之处**

M14 步枪的优点毋庸置疑,但该枪太长太重,在热带丛林的行军作战中很不方便。而机械化步兵也抱怨 M14 步枪不便于携带,使他们丧失战场机动能力。

优势

20 世纪 60 年代至今,M14 步枪一直以精准支援火力的角色活跃在战场上,特别是在山地、沙漠、海上或雪地环境下作战时,M14 步枪可以提供远程的精确火力,即使更先进的步枪不断出现,M14 步枪也没有完全被取代。

M14 步枪基本数据

口径：7.62 毫米

枪长：1 120 毫米

枪重：4.5 千克

弹容：20 发

枪口初速：850 米 / 秒

有效射程：700 米

▶▶ **军事地位**

　　M14 步枪精度高、射程远，自服役以来，一直被认为是安全可靠、威力强大的武器。

AR-10/AR-15 突击步枪

AR-10 突击步枪基本数据

口径：7.62 毫米

枪长：1 016 毫米

枪重：3.4 千克

弹容：20 发／30 发

枪口初速：820 米／秒

有效射程：630 米

    AR-10 突击步枪是第二次世界大战后出现的比较引人瞩目的突击步枪之一。而 AR-15 突击步枪是在 AR-10 突击步枪的基础上研制而成的，它是世界上第一种 5.56 毫米口径的突击步枪。

    AR-10 突击步枪的设计十分新颖，其机匣分为上下两部分，枪管、护木与上机匣相连，扳机、弹匣及枪托与下机匣相连，这样的设计使得该枪的分解更加简便。从某种意义上看，AR-15 突击步枪是 AR-10 突击步枪的小口径型号，被誉为"开创小口径化先河的步枪"。

▶ 独到之处

AR–10 突击步枪的设计很独到,采用了轻金属和非金属材料、导气管式工作原理和三用提把结构。

后继者

1959 年,柯尔特公司获准生产 AR–15 突击步枪,而该枪在柯尔特公司有了新名字——M16。

M16 系列突击步枪

❯ **制作材料**

    M16 突击步枪的机匣是由铝合金制成的，枪管、枪栓和机框都是钢制的，护木、握把以及后托的材料则都是塑料。

设计者

M16 系列突击步枪的设计者是美国著名枪械设计师尤金·斯通纳,他被人们誉为"世界枪王"。

M16 突击步枪基本数据

口径:5.56 毫米

枪长:1 000 毫米

枪重:3.4 千克

弹容:20 发 / 30 发

枪口初速:975 米 / 秒

有效射程:550 米

美国柯尔特公司生产的 M16 系列突击步枪,是第一种正式装备军队的小口径突击步枪。直到现在,M16 及其改型枪仍然在五十多个国家中被广泛使用。M16 系列突击步枪主要包括 M16、M16A1 和 M16A2 三种型号步枪。美军于 1964 年正式装备 M16 突击步枪,M16 突击步枪是第二次世界大战后美国换装的第二代步枪。而且在此后很长一段时间内,也没有更合适的步枪能够完全取代该枪。到 1985 年初,美国共生产了 600 万支 M16 系列步枪。

OICW 理想单兵战斗武器

OICW 的全称为 Objective Individual Combat Weapon，意为理想单兵战斗武器，现已由美国陆军正式命名为 XM29，所谓 OICW，实质上是指由两种武器组成的复合式武器。

OICW 中的 XM29 突击步枪是美国陆军在"未来战斗系统"计划中为"陆地勇士"开发的单兵战斗武器，该枪安装有变焦距镜头摄像机，可以把拍摄到的影像传送到士兵所戴的特殊头盔上，扩大其视野范围。另外，XM29 突击步枪所配备的红外线仪器让士兵在晚上也可投入战斗。

XM29 突击步枪基本数据

口径：5.56 毫米 / 20 毫米

枪长：946 毫米

枪重：4.6 千克

弹容：20 发 / 30 发 / 6 发

枪口初速：745 米 / 秒

有效射程：500 米

❯ 作战性能

  XM29 突击步枪是一种远近结合、点面杀伤结合的武器，既可以发射小型榴弹，对 800~1 000 米内的目标进行射击，又可以发射枪弹，对 400 米内的目标进行射击，杀伤效能比很高。

❯ 子弹

  XM29 突击步枪一次可发射 5.56 毫米子弹和 20 毫米高爆子弹两款子弹，其中，20 毫米的高爆子弹爆炸时类似于榴弹，杀伤力惊人。

M1903 非自动步枪

M1903 非自动步枪基本数据

口径:7.62 毫米

枪长:1 097 毫米

枪重:3.94 千克

弹容:5 发

枪口初速:823 ~ 853 米 / 秒

有效射程:550 米

　　M1903 非自动步枪是一种手动枪机弹仓式步枪,于 1903 年被命名为 M1903 步枪,并成为美国军队制式步枪,是美军在第一次世界大战中的制式装备。因为旋转后拉式枪机模仿了德国 98 系列毛瑟步枪,所以 M1903 非自动步枪可以说是毛瑟步枪的变型枪。

　　在第二次世界大战中,M1903 非自动步枪被赋予了新的使命,1943 年,在 M1903 非自动步枪基础上改进而成的狙击步枪被正式命名为"M1903A4 狙击步枪",负责精准射击、远程火力支援。

军事地位

　　M1903 非自动步枪经受了第一次世界大战和第二次世界大战的洗礼，成为在美国军队服役时间最长的步枪之一。如今，已有百年服役历史的 M1903 非自动步枪依然活跃在美国军队中，主要供训练和检阅使用。

M4/M4A1 卡宾枪

战场表现

在一系列局部战争中，M4/M4A1 卡宾枪为美军减少伤亡、发挥火力提供了保障。

M4 卡宾枪基本数据

口径：5.56 毫米

枪长：878 毫米

枪重：2.52 千克

弹容：20 发 /30 发

枪口初速：905 米 / 秒

有效射程：800 米

美国 M4 卡宾枪于 1991 年 3 月定型，它是 M16A2 步枪的轻量型和缩短型。M4A1 卡宾枪是 M4 卡宾枪的变体，在西方军事领域享有极高评价。

M4 卡宾枪首先装备于美国第 82 空降师，1992 年第二季度正式列装。该枪目前仍在生产，并装备了美国陆军和海军陆战队。M4A1 卡宾枪主要装备美军特种部队及机械化部队。在 2003 年的伊拉克战争中，美国海军陆战队正是使用该枪快速突破了伊军的防线，得以向战略纵深挺进，该枪因此在战后广受好评。

雷明顿 700 狙击步枪

雷明顿 700 狙击步枪基本数据

口径：7.62 毫米

枪长：1 135 毫米

枪重：5.6 千克

弹容：10 发

枪口初速：720 米 / 秒

有效射程：1 200 米

▶ **专业配件**

　　雷明顿 700 狙击步枪的配件很多，除配有光学瞄准镜、便携背带、两脚架外，还有携带箱。

不同型号

雷明顿 700 狙击步有 ADL、BDL、DM 和 40X 四种型号，其中，ADL 为经济型，价格便宜但表面处理效果欠佳；BDL 有多种口径可供选择；DM 是 BDL 的可拆弹仓型。

雷明顿 700 狙击步枪是雷明顿公司在 1962 年推出的，该枪精确度高、威力大，装配浮置枪管和敏感的扳机，自推出后一直广受称赞。雷明顿 700 狙击步枪性能优异，就如其广告词所宣称的那样："它是世界上最强大的旋转后拉式枪机步枪"。在雷明顿 700 的基础上，雷明顿公司又开发出了一系列专门的狙击步枪。同时，因为雷明顿 700 的精确性较好，美国军方也在雷明顿 700 的基础上开发军用狙击步枪，如海军陆战队的 M40A1 狙击步枪和陆军的 M24 狙击步枪。

M82A1 狙击步枪

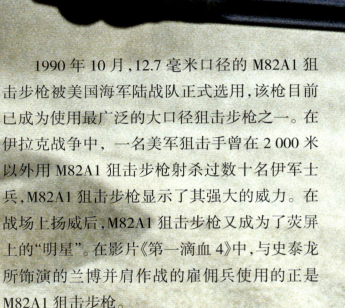

1990 年 10 月，12.7 毫米口径的 M82A1 狙击步枪被美国海军陆战队正式选用，该枪目前已成为使用最广泛的大口径狙击步枪之一。在伊拉克战争中，一名美军狙击手曾在 2 000 米以外用 M82A1 狙击步枪射杀过数十名伊军士兵，M82A1 狙击步枪显示了其强大的威力。在战场上扬威后，M82A1 狙击步枪又成为了荧屏上的"明星"。在影片《第一滴血 4》中，与史泰龙所饰演的兰博并肩作战的雇佣兵使用的正是 M82A1 狙击步枪。

M82A1 狙击步枪基本数据

枪径：12.7 毫米

全长：1 219 毫米

枪重：12.9 千克

弹容：10 发

枪口初速：853 米 / 秒

有效射程：1 850 米

1990 年，在科威特执行"沙漠之盾"和"沙漠风暴"任务的美军士兵曾大量装备 M82A1 狙击步枪。

作战任务

M82A1 狙击步枪使用高能弹药，主要被用来对付远距离的单兵、掩体、车辆、设备、雷达及低空低速飞行的飞机等高价值的目标，爆炸器材处理分队也用 M82A1 狙击步枪排雷。

17

M21 狙击步枪

　　1968 年，美国陆军急需一批射击精度很高的狙击步枪，以装备在越南战斗的美军部队。1969 年，美军将一千多支 M14 步枪改装成 XM21 狙击步枪，并提供给越南战场的美军士兵使用。1975 年，XM21 狙击步枪成为美军的制式装备，并正式定名为 M21 狙击步枪。M21 狙击步枪是经过实战考验的、可精确瞄准射击的狙击步枪，曾长期作为制式狙击步枪装备美军，直到 20 世纪 80 年代末 90 年代初才渐渐被 M24 狙击步枪所取代，至今仍有一些国家装备 M21 狙击步枪。

▶ 两脚架

　　M21 狙击步枪配有两脚架，可以提高射击时的稳定性，从而提高射击精度。

M21 狙击步枪基本数据

口径：7.62 毫米

枪长：1 120 毫米

枪重：5.11 千克

弹容：20 发

枪口初速：853 米 / 秒

有效射程：800 米

▶ 适应能力

　　M21 狙击步枪的适应能力很强，只要维护保养得当，该枪能在多种环境中使用。

▶ 枪管

　　M21 狙击步枪的枪管经过严格挑选和精确测量，确保其符合规定的制造公差，枪管不镀铬以提高精确度和可靠性。

瞄准镜

　　M21 狙击步枪采用测距可调的瞄准镜，这种瞄准镜可显示出最适合射击的射角。

M24 狙击步枪

M24 狙击步枪是雷明顿 700 系列狙击步枪的衍生型号，秉承雷明顿 700 系列狙击步枪的优良性能和强悍的外形风格，拥有较高的精确性和稳定性，是美军目前装备的主要狙击武器。M24 狙击步枪并不是独立存在的，它还配备有 M3 望远式瞄准镜、哈里斯 S 型可拆卸两脚架及其他配件。这一套武器组合就是 M24 狙击武器系统，简称 M24 SWS，被誉为美军现役"狙击之魂"。

M24 狙击步枪基本数据

口径：7.62 毫米

枪长：1 092 毫米

枪重：5.5 千克

弹容：5 发 /10 发

枪口初速：853 米 / 秒

有效射程：800 米

军事地位

M24 狙击步枪于 1987 年开始正式装备美军，并在服役生涯中凭借优异的性能和出色的表现逐渐取代其他狙击步枪，成为美军的主要狙击武器。

设计特点

M24 狙击步枪采用重型枪管和石墨复合材料制成的枪身，配合可以调节的伸缩托板。在保证打击能力和精准性能的同时，减轻了整枪重量。

M25 狙击步枪

M25 狙击步枪是美国陆军第 10 特种小队与美国海军"海豹"突击队于 20 世纪 80 年代后期在 M21 自动步枪的基础上改进而成的,目前,M25 狙击步枪也仅装备这两支部队。1991 年,美国海军"海豹"突击队曾使用 M25 狙击步枪参加了海湾战争。按照美国特种作战司令部的部署和要求,M25 狙击步枪的研制并不是为了替代美军现役的后提拉式狙击步枪,而是作为 M24 SWS 狙击武器系统的辅助武器使用。作为狙击支援武器,M25 狙击步枪的各项性能都比较平衡。

> **多用性**

在现代反恐作战中,M25 狙击步枪可以作为城市战的狙击步枪使用。

> **枪托**

M25 狙击步枪采用玻璃碳纤维制造的枪托,增加了枪身的使用强度,同时又有助于减轻整枪的重量。

M25 狙击步枪基本数据

口径：7.62 毫米

枪长：1 125 毫米

枪重：4.9 千克

弹容：10 发 / 20 发

枪口初速：765 米 / 秒

有效射程：900 米

▶ 战术用途

在美国陆军和海军陆战队的两人狙击小组中，观瞄手能够用 M25 狙击步枪准确地射击 500 米外的目标。

▶ 消音器

在加装了消音器材后，M25 狙击步枪仍然具备良好的射击精度，这使该枪在执行攻坚任务和秘密任务的过程中都能有良好表现。

M95 狙击步枪

随着科技的发展，自动化和信息化成为现代战争的主要特征，这也让军事力量的调动更加依赖指挥和通信系统，所以打击敌方的指挥中枢无疑会大大削减敌方战斗力。M95 狙击步枪正是在这样的军事思想指导下研制出来的。M95 狙击步枪不是以杀伤人员为主要用途，而是主要用于打击高价值军事目标，例如飞机、通信车、雷达和检测系统等，还可以封锁交通要道，甚至是凭借有利地形抵挡小股装甲部队的突袭。

▶ 枪体

M95 狙击步枪采用不锈钢制重型枪管，机匣为圆柱形，机匣和枪管上装有基座，以便安装瞄准镜。

▶ 结构特点

M95 狙击步枪在外形上和 M90 狙击步枪没有太大的区别,同样装备直角箭头形制退器和可折叠两脚架,而且没有机械瞄准具,必须安装瞄准镜。

M95 狙击步枪基本数据

口径:12.7 毫米

枪长:1 143 毫米

枪重:10.7 千克

弹容:5 发

枪口初速:854 米 / 秒

有效射程:1 800 米

人性化设计

M95 狙击步枪在人体工程学设计上有很大的改进,其扳机和握把比较靠前,便于快速更换弹匣,缩短射击准备时间。

M107 狙击步枪

  M107 狙击步枪是美国巴雷特公司根据美军提供的反馈意见设计的一款特殊用途狙击步枪，实际上就是 M82A1 狙击步枪的模块化改进型，主要用于打击运动中的快艇、雷达和移动通信系统。

  阿富汗战争开始时，M107 狙击步枪尚处在试用阶段，编号为 XM107。当时美军就购买了 50 支 XM107 狙击步枪，后来又陆续购买了数百支 XM107 狙击步枪投入阿富汗战场。伊拉克战争爆发后，美军再次购买几百支 XM107 狙击步枪，用于装备"持久自由"行动和"自由伊拉克"行动中的美军。

▶ 研制背景

  20 世纪 90 年代中期，美军急需一种大口径重型狙击步枪，以提高狙击小组的远程反器材作战能力，于是，M107 狙击步枪应运而生。

M107 狙击步枪基本数据

口径：12.7 毫米

枪长：1 448 毫米

枪重：12.9 千克

弹容：10 发

枪口初速：853 米 / 秒

有效射程：1 850 米

瞄准装置

　　M107 狙击步枪装配的光学瞄准具倍率很大，在射程允许的范围内，瞄准装置可以帮助射手精确打击远距离目标。

XM109 狙击步枪

　　在大口径狙击武器备受关注的时候，各大小武器生产商都推出了多种大口径狙击步枪，但巴雷特公司生产的大口径狙击步枪仍处于近乎垄断的市场地位。XM109 狙击步枪就是巴雷特公司生产的一款知名度很高的大口径狙击步枪。XM109 狙击步枪完全可以称得上是"狙击炮"，其超远的射程和强大的穿甲能力绝对是轻型装甲目标和机械化步兵的噩梦。一个手持 XM109 狙击步枪的狙击手可以充分利用地形打垮一个装甲排，甚至是打乱一个装甲师的战略部署。

▶ 两脚架

　　XM109 狙击步枪可配备两脚架，两脚架接触地面的部分为尖钉状，在射击时可以增加稳定性。

▶ 威力巨大

XM109 狙击步枪威力惊人，该枪发射的 25 毫米大口径子弹至少能够穿透 50 毫米厚的装甲钢板，可以轻易摧毁轻型装甲车辆和停放的战斗机等目标。

XM109 狙击步枪基本数据

口径：25 毫米

枪长：1 168 毫米

枪重：20.9 千克

弹容：5 发

枪口初速：425 米 / 秒

有效射程：2 000 米

瞄准系统

XM109 狙击步枪装配"巴雷特光学距离修正瞄准系统"，该系统会自动获取大气气压、空气温度和枪械角度等参数信息，经过精细运算，为狙击手提供可靠的射击数据，提高首发命中率。

M110 狙击步枪

M110 狙击步枪是美国奈特公司研制的一种 7.62 毫米口径半自动狙击步枪，主要用于替代美军现役的 M24 狙击步枪。2008 年，M110 狙击步枪被评选为"2007 年美国陆军十大发明"之一。很多军事专家认为，虽然 M110 狙击步枪的性能更全面，但目前还是无法完全取代久经考验的 M24 狙击步枪，因为 M110 狙击步枪的射程不及 M24 狙击步枪。到目前为止，M110 狙击步枪仅装备美军，并跟随美军在阿富汗和伊拉克等地执行作战任务。

可调枪托

M110 狙击步枪使用的是固定式枪托，通过调节枪托末端的旋钮可以调整枪托长度，以适应不同的使用者。

M110 狙击步枪基本数据

口径：7.62 毫米

枪长：1 029 毫米

枪重：4.87 千克

弹容：10 发 / 20 发

枪口初速：770 米 / 秒

有效射程：1 000 米

▶ **一体化设计**

　　M110 狙击步枪的导轨和机匣是一体化的，以使导轨更加稳固，减小射击时的偏差。

▶ **枪支颜色**

　　M110 狙击步枪及其主要附件的表面颜色以土黄色为主，以确保在野外战场中的隐蔽性，而土黄色未来也可能会成为美军武器的制式颜色。

M200 狙击步枪

  M200 狙击步枪是一支由美国 CheyTac 公司生产的手动枪机操作式狙击步枪，主要用途是截击远距离的软目标。CheyTac 公司将其命名为"Intervention"，中文译名为"干预"，这一名称刚好诠释了 M200 狙击步枪的战术用途。M200 狙击步枪的枪托可以自由伸缩，枪管和枪机可以快速拆卸以方便运输。M200 狙击步枪的握把上有手指凹槽，射击时比较稳定。M200 狙击步枪具有惊人的射击精度，枪弹在 2 286 米以外的着弹点与预想着弹点的距离不会超过一角硬币的直径，M200 狙击步枪是现代狙击步枪中射程最远的一支。

 瞄准装置

  M200 狙击步枪没有任何机械瞄准具，必须在机匣顶部的战术导轨上安装瞄准镜才能保证射击精度。

 减重设计

  M200 狙击步枪的枪管和枪机表面刻有凹槽，以减少枪支重量，并提高结构强度。

▶ "长距离狙击系统"

　　M200 狙击步枪的超高精度得益于以该枪为中心的一整套"长距离狙击系统"，其中包括战术子弹弹道计算系统、小型天气跟踪装置、激光测距仪、瞄准装置和枪口装置。

▶ 人性化设计

　　M200 狙击步枪弹匣前端的大型提把方便狙击手携带行进，不使用时该提把可以向下折叠。

M200 狙击步枪基本数据

口径：10.36 毫米

枪长：1 346 毫米

枪重：14.06 千克

弹容：7 发

枪口初速：993 米 / 秒

有效射程：2 000 米

MK11 狙击步枪

MK11 狙击步枪基本数据

口径：5.56 毫米

枪长：1 003 毫米

枪重：4.47 千克

弹容：10 发 / 30 发

枪口初速：930 米 / 秒

有效射程：550 米

MK11 狙击步枪是在 SR25 狙击步枪的基础上研制而成的,专门按照美国海军的使用需求而设计。因为性能稳定、表现出色,所以在现代化战争中,MK11 狙击步枪被美国军方认为是单兵作战的"利剑"。

MK11 狙击步枪在外形上与 SR25 狙击步枪并没有太大区别,但是其内部结构却经过了大量改进。MK11 狙击步枪主要装备美国"海豹"突击队。此外,美国"游骑兵"特种部队和以色列的特种部队也有采购 MK11 狙击步枪的意向。

>> 研制背景

美国著名的枪械设计大师尤金·斯通纳在生命的最后几年时间里，推出了高精度狙击步枪——SR25，美国海军对此高度重视，并要求奈特公司以 SR25 狙击步枪为蓝本，专门为美国海军设计 MK11 狙击步枪。

TAC-50 狙击步枪

1980 年，美国麦克米兰公司推出了 TAC-50 狙击步枪，该枪后来成为美国军队及执法部门的专用狙击武器。2000 年，加拿大军队开始将 TAC-50 狙击步枪列为制式"远距离狙击武器"。2002 年，美军在阿富汗结束"巨蟒行动"后传出了一个新闻：一名加拿大狙击手在"巨蟒行动"中用 TAC-50 狙击步枪为美军提供远程火力支援时，在 2 430 米距离上，狙杀了一名塔利班武装分子，创造了当时最远狙击距离的记录。这一记录在 2009 年时被英军狙击手以 2 475 米的狙击距离打破。

TAC-50 狙击步枪基本数据

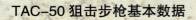

口径：12.7 毫米

枪长：1 448 毫米

枪重：11.8 千克

弹容：5 发

枪口初速：约 850 米 / 秒

有效射程：2 000 米

▶ 设计特点

TAC-50 狙击步枪采用手动旋转后拉式枪机系统，枪管表面刻有线坑以减轻整枪重量，枪口装有高效能制退器，以缓冲该枪在发射枪弹时产生的强大后坐力。

俄罗斯步枪

AK47 突击步枪

　　AK47 突击步枪是苏联著名枪械设计师卡拉什尼科夫设计的。据不完全统计，AK47 突击步枪的生产总量已达数千万支，是世界上当之无愧的突击步枪之王。AK47 突击步枪自问世以来，凭借强大的火力、可靠的性能、低廉的造价而风靡世界，无论是在越南战场，还是在海湾战场，即使是刚从泥水或沙堆中挖出的 AK47 突击步枪，也依旧能正常射击。在越南战争中，美军将领曾告诫自己的士兵："当你手中的武器出故障时，你必须马上找到一把 AK47，这是至关重要的！"

AK47 突击步枪基本数据

口径：7.62 毫米

枪长：875 毫米（固定枪托型）

枪重：4.3 千克

弹容：30 发

枪口初速：610 米 / 秒

有效射程：400 米

使用情况

　　从 1949 年开始，苏联的摩托化步兵部队、空军和海军的警卫陆续装备 AK47 木制或塑料制固定枪托型，伞兵、坦克乘员和特种分队装备 AK47 金属折叠枪托型。除苏联外，世界上还有三十多个国家的军队装备 AK47 突击步枪，有的还进行了仿制或特许生产。

▶ 出色性能

　　AK47 突击步枪性能优良、坚固耐用、故障率低，即使是在风沙和降雨的天气中也能正常使用。

AKM 突击步枪

　　AKM 突击步枪是由苏俄著名枪械设计大师卡拉什尼科夫在 1953 年至 1954 年间经过对 AK47 突击步枪的改进研制而成的,并于 1959 年开始装备军队。AKM 突击步枪大量采用冲压件,并把铆接改为焊接,机框上的枪机导轨为冲压件并点焊在机匣内壁上;弹匣改用轻合金,但仍可与原来的钢弹匣通用;枪托、护木和握把均采用树脂合成材料制造;用冲铆机匣代替 AK47 突击步枪的铣削机匣。这些措施不仅使 AKM 突击步枪的生产成本大大降低,而且也降低了整枪重量。

使用情况

　　苏联军队装备 AKM 突击步枪后,其他华约国家也开始装备该枪,目前,俄罗斯军队和内务部仍装备该枪,而且 AKM 突击步枪还流向世界各地,被政府军、游击队,甚至是恐怖组织使用。

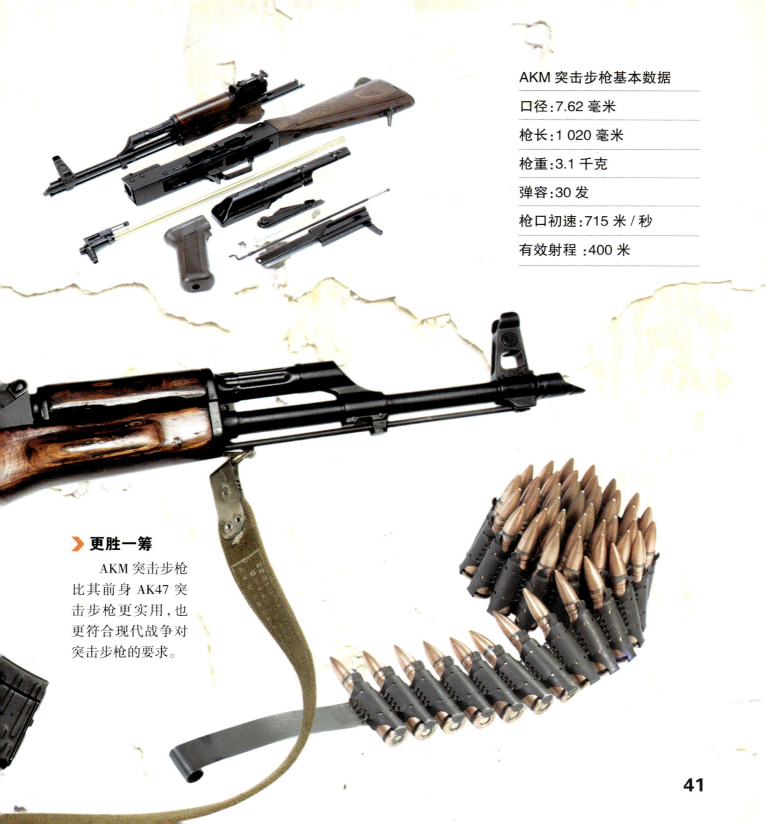

AKM 突击步枪基本数据

口径：7.62 毫米

枪长：1 020 毫米

枪重：3.1 千克

弹容：30 发

枪口初速：715 米 / 秒

有效射程：400 米

▶▶ 更胜一筹

AKM 突击步枪比其前身 AK47 突击步枪更实用，也更符合现代战争对突击步枪的要求。

AK74 突击步枪

作为 AK47 的改进型突击步枪,AK74 突击步枪于 1974 年 11 月 7 日在莫斯科红场阅兵式上首次露面。它是 1949 年列装的 AK47 突击步枪和 1959 年列装的 AKM 突击步枪的改进型枪种。目前,AK74 突击步枪已成为俄罗斯军队的制式突击步枪。车臣前线的俄罗斯步兵大都配发了著名的 AK74 突击步枪,经过无数次战斗的洗礼,AK74 突击步枪已成为俄罗斯空降兵、侦察兵、摩托化步兵屡建战功的重要单兵突击武器。车臣武装分子的藏匿腹地、南部山区的丛林里,到处都有 AK74 突击步枪的身影,这也令对 AK74 突击步枪耳熟能详的车臣匪徒"闻 AK74 而丧胆"。

❯ 榜上有名

AK74 突击步枪是苏联装备的第一种小口径突击步枪,也是世界上大规模装备部队的第二种小口径步枪。

❯ 性能特点

AK74 突击步枪结构简单,动作可靠;质量小,便于携行;开火反应时间短;命中率高。

AK74 突击步枪基本数据

口径：5.45 毫米

枪长：930 毫米

枪重：3.3 千克

弹容：30 发

枪口初速：900 米 / 秒

有效射程：400 米

▶杀伤力

　　AK74 突击步枪发射的 5.45 毫米步枪弹，在打入人体后会破碎解体，所以尽管伤口的射入口很小，但伤口内部的创伤面巨大，中弹者体内受伤程度非常严重，因此，AK74 突击步枪的子弹被称为"毒弹头"。

AN-94 突击步枪

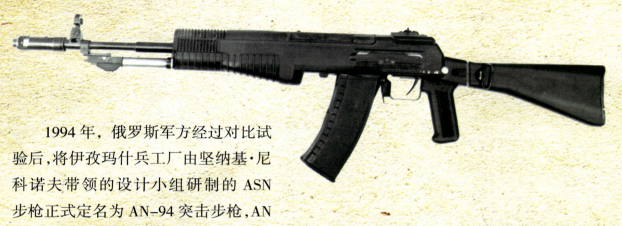

　　1994 年，俄罗斯军方经过对比试验后，将伊孜玛什兵工厂由坚纳基·尼科诺夫带领的设计小组研制的 ASN 步枪正式定名为 AN-94 突击步枪，AN 即"尼科诺夫突击步枪"之意。AN-94 突击步枪外表大量采用玻璃纤维增强的聚酰胺材料。该枪的自动机构由双闭锁突笋的回转式枪机和长行程导气活塞组成。其枪管和导气室安装在机匣上，枪管后端连有一个供弹板，机匣内还有独立的复进簧，避免了枪机卡死的问题。

▶ **射击模式**

　　AN-94 突击步枪共有三种射击模式可供选择，分别为：单发、两发点射和全自动。

AN-94 突击步枪基本数据

口径：5.45 毫米

枪长：943 毫米

枪重：3.85 千克

弹容：30 发

枪口初速：900 米 / 秒

有效射程：400 米

综合评价

AN-94 突击步枪有很多其他枪械不具备的优势，但在实际使用的过程中，AN-94 突击步枪也暴露出了诸如人机工效较差、使用不适、表面处理粗糙、折叠枪托干扰操作等问题。

▶火力强大

装配榴弹发射器的 AN-94 突击步枪战斗火力十分强大，火力压制能力也明显增加。

▶枪口设计

AN-94 突击步枪的枪口制退器上有两个空腔，可以增强制退和消音效果。

SVDK 狙击步枪

SVDK 狙击步枪是在 SVDS 狙击步枪的基础上研制出来的一种大口径狙击步枪。SVDK 狙击步枪在继承 SVDS 狙击步枪优良性能的同时，又采用多种新设计，并且配备比"前辈"口径更大、性能更出色的狙击步枪弹。

❯❯ 优势

SVDK 狙击步枪重量较轻，携带方便，有利于狙击手采取机动灵活的战术，而且射击时烟尘较少，隐蔽性很强。

SVDK 狙击步枪基本数据

口径：9.3 毫米

枪长：1 250 毫米

枪重：6.5 千克

弹容：10 发

枪口初速：780 米 / 秒

有效射程：1 350 米

德国步枪

HK416 卡宾枪

针对 5.56 毫米口径卡宾枪在伊拉克和阿富汗实战中所暴露的一些缺陷，雄心勃勃的 HK 公司意欲打造一款性能更出色的增强型卡宾枪来满足军方的需求，特别是满足特种作战条件下对武器性能要求极为苛刻的特战部队的需要。在美军亚利桑那州的尤马试验基地，高速摄影以及实弹试验数据都显示，HK416 卡宾枪经受住了多种复杂环境下的射击考验，HK416 卡宾枪的可靠性确实较以往的 5.56 毫米口径卡宾枪有所提高。

HK416 卡宾枪基本数据

口径：5.56 毫米

枪长：785 毫米

枪重：3.31 千克

弹容：20 发 / 30 发 / 100 发

枪口初速：940 米 / 秒

有效射程：400 米

49

XM8 突击步枪

XM8 突击步枪是 HK 公司以 XM29 步枪的 5.56 毫米动能武器模块为基础开发的新枪型，其开发时间较短，实际的研制工作进展也比较顺利。HK 公司意欲将 XM8 突击步枪和陆军的转型结合起来，发挥 XM8 突击步枪杀伤力更强、部署速度更快等特点，使其成为陆军作为"理想部队"的重要组成部分。在之后的轻武器发展过程中，XM8 将直接成为 XM29 的动能武器部分，即只要将 XM29 的主体部分拆下来加上枪托和瞄准装置，便可成为独立的 XM8 突击步枪。

XM8 突击步枪基本数据

口径：5.56 毫米

枪长：845 毫米

枪重：2.9 千克

弹容：10 发 / 30 发 / 100 发

枪口初速：920 米 / 秒

有效射程：400 米

▶ 前景

正在美国陆军中接受检测的 XM8 突击步枪一旦被美军采用，其生产总量有可能会超过一百万支。

瞄准装置

XM8 突击步枪的瞄准装置集成了反射式瞄准镜和激光指示器，并装备了后备的机械瞄具。

模块化设计

XM8 突击步枪采用全模块式结构，通过更换枪管及其他模块组件，一支 XM8 突击步枪可以迅速转换成 4 种不同战术用途的步枪。

外形特点

XM8 突击步枪在外形上具有 G36 突击步枪的特征，外形呈整体式流线型，枪托无法折叠。

DSR NO.1 狙击步枪

当狙击步枪凭借精准的打击能力在轻武器领域脱颖而出的时候，德国AMP公司推出了 DSR NO.1 狙击步枪。DSR NO.1 狙击步枪融入了现代化的武器研制思想，性能比以往的狙击步枪更加优越，功能也更加多样。DSR NO.1 狙击步枪采用的各种全新设计理念都已经在实践中得到了检验。凭借科学的设计、可靠的性能和高度的精准性，DSR NO.1 狙击步枪成为了德国非常优秀的警用狙击步枪。

总体性能

DSRNO.1 狙击步枪融合了武器系统化和瞄具光学化的设计理念，实用性能和作战效能都很高。

模块化设计

DSRNO.1 狙击步枪采用模块化设计,各部件的组合非常合理,保证枪的重心在中心位置,长期持枪的射手不容易疲劳,枪机部件拆卸、维护也很方便。另外,全枪稳定性很好,枪长较短,方便携带。

DSR NO.1 狙击步枪基本数据

口径:7.62 毫米

枪长:990 毫米

枪重:5.9 千克

弹容:5 发

枪口初速:865 米 / 秒

有效射程:1 300 米

▶ 制作材料

DSRNO.1 狙击步枪大量采用铝合金、钛合金和高强度玻璃纤维复合材料,既减轻了整枪重量,又保证了枪械的坚固性和可靠性。

SR9 狙击步枪

  SR9 是德国 HK 公司在 G3 步枪的基础上研制出的狙击步枪，它采用半自由枪机式工作原理和滚柱闭锁方式，独特的闭锁装置确保了弹头在离开枪口后才开锁，保证了射击的精确性。SR9 狙击步枪采用 MSG90 狙击步枪的后坐缓冲器，有效地减小了后坐力，并进一步提高了精准度。SR9 狙击步枪主要用于远距离精确打击，所以该枪没有机械瞄准具，瞄准必须依靠光学瞄准具。

▶ 瞄准具

  SR9 狙击步枪采用放大倍率为 12 倍的光学瞄准镜，机匣上配有瞄准具座，可以安装任何北约制式夜视瞄准具。

SR9 狙击步枪基本数据

口径：7.62 毫米

枪长：1 079.5 毫米

枪重：4.95 千克

弹容：5 发 / 20 发

枪口初速：780 米 / 秒

有效射程：900 米

困境

　　SR95 狙击步枪的造价太高，军用价值不高，不可能大量装备。而且，SR95 狙击步枪的抛壳距离超过 10 厘米，战场打扫困难，容易暴露狙击手的位置，但在民用市场上，SR9 狙击步枪的性能还是值得肯定的。

WA2000 狙击步枪

　　WA2000 狙击步枪是德国卡尔·瓦尔特公司研制的一款军/警专用狙击步枪，该枪设计工艺精湛，射击精度极高。WA2000 狙击步枪在生产过程中完全以质量和精度为首要目标，不计制造成本，导致售价昂贵，结果产量和销售量都相当有限。

WA2000 狙击步枪基本数据

口径：7.62 毫米

枪长：905 毫米

枪重：6.59 千克

弹容：6 发

枪口初速：830 米/秒

有效射程：1 200 米

英国步枪

李-恩菲尔德短步枪

李-恩菲尔德短步枪由恩菲尔德兵工厂在李氏步枪的基础上改进而来，并于1903年正式投产。李-恩菲尔德短步枪首创了"短步枪"的概念，该枪的全枪长度比李氏步枪缩短了127毫米，其最大特点在于采用由詹姆斯·帕里斯·李发明的后端闭锁的旋转后拉式枪机。李-恩菲尔德短步枪是实战中射速最快的旋转后拉式枪机步枪之一，而且具有动作可靠、操作方便的优点。在第一次世界大战中的堑壕战中，它迅猛的火力给参战士兵留下了深刻的印象。

李-恩菲尔德短步枪基本数据
口径：7.62毫米
枪长：1 130毫米
枪重：4千克
弹容：10发
枪口初速：738米/秒
有效射程：914米

使用情况

在第一次世界大战、第二次世界大战和朝鲜战争中，李-恩菲尔德短步枪是所有英联邦国家的制式装备。

舍弃的设计

李-恩菲尔德短步枪曾设计有刺刀座,但终因刺刀的设计不佳而舍弃了该设计。

L96 狙击步枪

  L96 狙击步枪是英国精密国际公司(简称 AI 公司)根据英国陆军要求,于 20 世纪 80 年代中期推出的竞标产品,最初命名 Precision Match,意为"精确竞赛枪",简称 PM。最终,AI 公司竞标成功,L96 狙击步枪的名字正式确定并开始列装英国军队。L96 狙击步枪的枪托采用塑料材质制成。为了减轻枪身重量,枪托结构并不是传统的实心结构,而是由两块尼龙板组合而成的,枪托中空,长度可调。另外,L96 狙击步枪的枪托外形平直,枪托上还有一个很大的拇指开孔,这是该枪在外形上最明显的特点。

▶ 研制背景

  在经历了中东、北非和北爱尔兰的战争后,英国陆军原来装备的 L42A1 狙击步枪已经无法适应战场需要,于是,英国陆军开始寻求一种新型狙击步枪。英国 AI 公司根据英国陆军的要求开始设计新型狙击步枪,并最终研制出 L96 狙击步枪。

L96 狙击步枪基本数据

口径：7.62 毫米

枪长：1 180 毫米

枪重：6.2 千克

弹容：10 发

枪口初速：520 米 / 秒

有效射程：1 000 米

设计要求

英国陆军在投标中明确要求新型狙击步枪在 600 米射程内首发命中率要达到 100%，1 000 米射程内要保证良好而稳定的射击精度，并配备 10 发可拆卸弹匣。

❯ 炙手可热

L96 狙击步枪一经推出便大受欢迎，目前销量约为两千支，除了英军购买外，其他一些国家也购买该枪装备军队。

AW50 狙击步枪

AW50 狙击步枪基本数据

口径:12.7 毫米

枪长:1 420 毫米

枪重:15 千克

弹容:5 发

枪口初速:936 米 / 秒

有效射程:2 000 米

后坐力

　　AW50 狙击步枪后坐力很大，高效的枪口制退器、枪托内部的液压缓冲系统和橡胶制造的枪托底板,可有效地降低 AW50 狙击步枪的后坐力,同时提高射击精度。

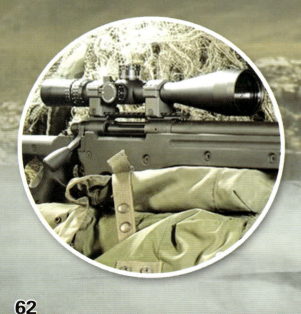

AW50 狙击步枪是 AW 系列狙击步枪家族中的一员，是英国 AI 公司为了满足国际市场对大口径反器材狙击步枪不断增加的需求量，于 1998 年推出的。实际上，AW50 狙击步枪就是 L96A1 狙击枪的大型化版本。AW50 狙击步枪威力巨大，其枪体重量也很大，一支 AW50 狙击步枪的总重量相当于四支普通突击步枪的重量。 AW50 狙击步枪是一款远程精确手动式狙击步枪，其主要使命是摧毁雷达装置、轻型装甲车辆、移动通信车辆、弹药库和油库等高价值军事目标。

❯ 优质枪管

AW50 狙击步枪的枪管由高强度、低膨胀系数的不锈钢制造，枪管嵌入机匣，连接紧密，有利于提高射击精度，并保证枪机使用寿命。

❯ 杀伤力

AW50 狙击步枪发射的标准子弹可以同时实现贯穿、高爆和燃烧等多重效果，杀伤力惊人。

L115A3 狙击步枪

　　现代战争中,精确打击已经成为了最常用的军事打击手段。阿富汗战争的爆发,让英军对精确狙击武器的需求量大大增加,这成为了 L115A3 狙击步枪诞生的直接条件。目前,L115A3 狙击步枪已经装备英国陆军、英国皇家海军陆战队和英国皇家空军,更加全面的部署仍在进行中。

　　2010 年 5 月 7 日,英国《每日邮报》报道,一名驻阿富汗英军狙击手在 1 600 米外,用 L115A3 狙击步枪在 28 秒内连续射杀了 5 名塔利班武装人员。

▶ 军事地位
　　L115A3 狙击步枪列装后,很快就成为了英国陆军中远程精准打击的主要武器之一。

2010年11月,英军士兵在阿富汗南部的遭遇战中用一支L115A3狙击步枪,在2 475米之外精准"秒杀"两名塔利班武装分子,创造了最远射杀的世界纪录。

▶ 作战能力

L115A3狙击步枪在夜视瞄准、激光测距等方面性能出色;适应能力较强,能够全天候作战。

L115A3狙击步枪基本数据

口径:8.59毫米

枪长:1 300毫米

枪重:6.8千克

弹容:5发

枪口初速:936米/秒

有效射程:1 609米

▶ 研制背景

在阿富汗战争中,英军为清除敌方武装力量而发动的空袭经常造成平民伤亡,因此,远程精确打击显得尤为重要,这直接催生了L1 5A3狙击步枪。

AX338 狙击步枪

  2010 年，在美国的射击、狩猎及户外用品展上，英国 AI 公司的 AX338 狙击步枪正式亮相，该枪是在 AWSM 狙击步枪的基础上改进而成的。按照 AI 公司的设想和部署，AX338 狙击步枪在参加了美国射击、狩猎及户外用品展后，将参加美国特种作战司令部的招标，从中可以看出 AI 公司对 AX338 狙击步枪进军美国市场的信心。AX338 狙击步枪如果竞标成功，将有可能成为美国陆军、海军、空军和海军陆战队的武器装备之一。

AX338 狙击步枪基本数据

口径：8.58 毫米

枪长：1 250 毫米

枪重：7.8 千克

弹容：10 发

枪口初速：860 米 / 秒

有效射程：1 500 米

其他国家步枪

比利时 FN FNC 突击步枪

比利时国营赫斯塔尔公司于 1975 年在 FN CAL 5.56 毫米突击步枪的基础上研制了一种新型 FN FNC 5.56 毫米突击步枪,用以参加北约小口径步枪选型试验。但该枪由于在选型试验中出现了枪机突笋裂缝等故障,最终没能竞标成功。选型试验后,赫斯塔尔公司针对试验中出现的问题,对该枪进行了改进。1979 年 5 月,该枪正式投入生产,并被命名为 FNC 突击步枪。迄今为止,印度尼西亚、尼日利亚、瑞典等国家依然装备着该枪。

▶ 射击

FNC 突击步枪可以发射 SS109 枪弹和 M193 枪弹,可单、连发射击,也可实施三发点射。

枪管设计

FNC 突击步枪的枪管选用高级优质钢材制成,强度、硬度、韧性极好,且耐蚀抗磨。枪管上方为导气箍装置,可以提高武器重心,使武器重心与枪管轴线重合,彻底消除了射击时枪管上跳现象。

FNC 突击步枪基本数据

口径：5.56 毫米

枪长：997 毫米

枪重：3.85 千克

弹容：30 发

枪口初速：965 米 / 秒

有效射程：450 米

比利时 FN F2000 突击步枪

1995 年，比利时 FN 公司着眼于市场需求的变化，开始研制适应新时期、新形势的武器系统，F2000 突击步枪便应运而生。F2000 突击步枪整体为无枪托结构，并大量采用聚合物部件。F2000 突击步枪可根据作战需求拆卸前握把，换装 40 毫米口径的低速榴弹发射器，从而使该枪具备点、面杀伤的能力，作战威力倍增。总之，F2000 突击步枪的质量较小，平衡性好，易于携带，总体性能优良。

> **外形特点**

F2000 突击步枪外表光滑、整体呈流线型、结构紧凑，是一种外形特点十分鲜明的突击步枪。

设计思想

考虑到未来特种作战的需要，FN 公司将模块化思想融入到 F2000 突击步枪的研制开发中，使该枪能够通过快速改装而具备不同的战术用途。

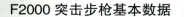

F2000 突击步枪基本数据

口径：5.56 毫米

枪长：694 毫米

枪重：3.5 千克

弹容：30 发

枪口初速：910 米/秒

有效射程：500 米

▶ **密封处理**

　　F2000 突击步枪的内部进行了密封处理，以隔离灰尘和细碎物，保证枪机正常工作。

比利时 FN SCAR 突击步枪

比利时 FN SCAR 突击步枪实质上是一种可更换枪管的模块化武器。该枪的设计满足了各种战术需求,作战效能大为提高。目前,SCAR 突击步枪有 5.56 毫米口径和 7.62 毫米口径两种型号,除抛壳口的大小不同外,两种口径的 SCAR 突击步枪零部件均可通用,这对于口径相差甚远的两种步枪来说还是首创。SCAR 突击步枪整体看上去大气沉稳,其优越的性能使其适合在各种环境中执行作战任务。

> **人性化设计**
　　可伸缩的枪托可以确保狙击手在穿着不同厚度的作战防护服时肩膀到扳机的距离适中。

> **枪托设计**
　　SCAR 突击步枪采用可伸缩、折叠式枪托,狙击手可以根据个人使用习惯进行调节。

▶▶ 射击控制系统

　　SCAR 突击步枪的射击控制机构十分先进,这使该枪具备了绝佳的操控性。

SCAR 突击步枪基本数据

口径:5.56 毫米

枪长:850 毫米

枪重:3.5 千克

弹容:30 发

枪口初速:920 米 / 秒

有效射程:500 米

榴弹发射器

　　SCAR 突击步枪可以在枪管下方的导轨上外挂榴弹发射器,以提高杀伤能力,FN 公司内部称其为"增强型榴弹发射模块"。

以色列 CAR-15 突击步枪

CAR-15 突击步枪自 1987 年推出后，就受到以色列国防军特种部队的欢迎。1992 年后，在以色列所有的特种部队和步兵前线单位中，CAR-15 突击步枪成为制式武器。该枪适用于城市地区作战，后期也被广泛用于空旷地区的战斗。

从 20 世纪 80 年代后期至 90 年代后期，CAR-15 突击步枪在以色列国防军特种部队中已服役达十年之久，并一直广受赞誉。

性能特点

CAR-15 突击步枪射速较快，容易控制，但是威力较小。

截短型 CAR-15 突击步枪

1987年，以色列国防军、警察和边境防卫队在镇压巴勒斯坦起义的过程中急需容易藏匿的武器，于是，截短型CAR-15 突击步枪应运而生。

截短型 CAR-15 突击步枪基本数据

口径：5.56 毫米

枪长：720 毫米（枪托展开）

枪重：1.85 千克

弹容：30 发

枪口初速：930 米 / 秒

有效射程：300 米

▶ 枪口设计

CAR-15 突击步枪的枪口上装有附加枪口防跳器，能够在全自动射击中有限地提高命中精度。

▶ 瞄准装置

CAR-15 突击步枪配备光学瞄准镜后，适合中远距离射击。

以色列 IMI Tavor 突击步枪

▶ 尴尬境地

以色列国防军虽然将 Tavor 突击步枪定为制式装备，但以色列军方始终没有与 IMI 公司签订任何生产合同。

Tavor 突击步枪是以色列 IMI 公司研制的新型 5.56 毫米无托突击步枪，简称为 Tar 步枪。该武器在 20 世纪 90 年代后期被定为以色列国防军制式装备。

士兵们理想的步枪应该具备重量轻、准确性强、坚固耐用、便于昼夜使用、易分解组装等优点，此外，还应该装配适合各种环境、易于安装、性能可靠的瞄准装置。而 Tavor 步枪在很大程度上满足了这些需求。

Tavor 突击步枪基本数据

口径：5.56 毫米

枪长：640 毫米

枪重：3.5 千克

弹容：30 发

枪口初速：910 米 / 秒

有效射程：300~600 米

战术多样性

为适应不同作战环境的要求，Tavor 突击步枪可通过更换枪管以发射不同口径的枪弹。

瑞士 SG550/SG551 突击步枪

SG550 突击步枪基本数据

口径：5.56 毫米

枪长：998 毫米

枪重：4.1 千克

弹容：5 发 / 20 发 / 30 发

枪口初速：995 米 / 秒

有效射程：300~400 米

> ❯❯ **定位**

SG551 突击步枪在设计之初就被定位为精确战斗步枪，因为扳机力与狙击步枪很相似，所以该枪也被称为"近距离狙击步枪"。

瑞士 SG550/SG551 突击步枪是由 SIG 公司研制的，于 1981 年得到军方认可。1984 年，SG550/SG551 突击步枪正式装备瑞士军队。

SG550 突击步枪为标准型，可供步兵军队使用，而 SG551 突击步枪则是短枪管型，专供坦克和装甲战车乘员使用。SG550 步枪结构简单，易于操作，全枪重量轻、坚固耐用、可靠性极高、机动性较强，而且其枪体耐高温、抗严寒，是一款设计较为成功的小口径突击步枪。SG551 突击步枪是一种为适应特种作战需要而开发的突击步枪，是一种专门用于近距离战斗的短突击步枪。

❯ 设计特点

SG550/SG551 突击步枪的多数部件采用工程塑料制成，不仅可以减轻整枪重量、增加结构强度，还能节约成本，方便大批量生产。

瑞士 SG552 突击步枪

作为当今世界知名的超短型突击步枪，绰号"突击队员"的 SG552 突击步枪自问世以来就大受欢迎，所有细节设计都使 SG552 突击步枪非常适于近战。SG552 突击步枪的最大特点是配备光学瞄准镜，可快速追瞄，在百米射程内可以说是百发百中。SG552 突击步枪是威力与艺术的完美结合，该枪的设计一丝不苟，非常注重人性化，而战斗过程中的突击实力更是为人称道。

➤ 微型化

SG552 突击步枪的核心设计思想就是微型化，以降低执行特种任务的风险性，并兼顾打击威力。

SG552 突击步枪基本数据

口径：5.56 毫米

枪长：504 毫米

枪重：3.2 千克

弹容：5 发 / 20 发 / 30 发

枪口初速：727 米 / 秒

有效射程：200 米

设计特点

SG552 突击步枪采用长行程活塞系统，枪体的握把、护手皆为硬质聚合塑料制成，枪托为折叠式强化橡胶质枪托，能承受猛烈撞击。

▶ 作战任务

SG552 突击步枪以近战为主，在战斗中通常与其他枪型混合编配，以弥补火力间隙。

法国 FAMAS 突击步枪

FAMAS 突击步枪基本数据

口径：5.56 毫米

枪长：757 毫米

枪重：3.61 千克

弹容：25 发

枪口初速：925~960 米 / 秒

有效射程：300~450 米

▶ 发射枪榴弹

　　FAMAS 突击步枪不需要加装附件即可发射反坦克弹、反器材弹、人员杀伤弹、烟雾弹、催泪弹等枪榴弹。

法国 FAMAS 突击步枪是继美国 M16 自动步枪之后出现的第一种无托型小口径步枪，该枪研制计划于 1967 年开始，20 世纪 80 年代初，FAMAS 突击步枪装备法国部队。FAMAS 突击步枪最显著的优点是准确性极高，且在射击时后坐力较小，但是消焰器喷出的燃气很明显，枪口噪声很大。FAMAS 突击步枪在设计时，尤为注重左右手射击的科学性与舒适度，最新式的设计极大地改善了左撇子射手的使用舒适性问题。

意大利 Cx4/Rx4 半自动步枪

Cx4 半自动步枪基本数据

口径：9 毫米

枪长：755 毫米

枪重：2.75 千克

弹容：10 发

枪口初速：650 米 / 秒

有效射程：400 米

▶ 人性化设计

　　Cx4 半自动步枪的拉机柄能安装在枪的左侧或右侧，拉壳钩和抛壳挺也能左右置换，使用者可根据个人使用习惯调节。

▶ 制造材料

Cx4 半自动步枪大量采用高强度聚合物制成，具有成本低、重量轻等特点。

伯莱塔 Cx4 半自动步枪是伯莱塔公司的 Xx4"风暴"系列武器中的第一种，而伯莱塔 Rx4 步枪最早在 2006 年公布，是"风暴"系列步枪中最新的一种。Cx4 半自动步枪在 21 世纪初推出，用意是为平民提供一种能够发射大多数手枪弹的紧凑而轻便的运动用和自卫用武器。Cx4 半自动步枪的外形看起来很新潮，这是因为伯莱塔的设计师在对这款枪进行设计的时候增加了在武器造型美方面的投入。

结构特点

Rx4 半自动步枪的复进簧是收容在枪托内的，因此该枪不能随意更换折叠枪托，而只能使用固定枪托或部分可伸缩的枪托。

奥地利 Scout 突击步枪

Scout 步枪基本数据

口径：5.56 毫米

枪长：1 010 毫米

枪重：2.7 千克

弹容：5 发

枪口初速：850 米 / 秒

有效射程：800 米

　　1990 年，施泰尔－曼利夏公司推出了一款名为"Scout"的旋转后拉式枪机步枪，该枪便于携带、操作方便、能够击毙重达 200 千克的有生目标，且枪体坚固，外形美观，深受枪械爱好者的推崇。Scout 步枪的枪托由树脂材质制成，弹匣由合成树脂材料制成，弹匣两侧有卡笋。机匣顶部有韦弗式瞄准镜座，可安装各种瞄准镜。Scout 步枪是一种较轻的精确射击步枪，全枪共有 129 个零件，并大量采用新型材料制造，因此全枪重量较轻。

❯ 名称

Scout 步枪在大陆被译作"战术侦察步枪",在中国台湾地区则被译作"斥候步枪"。

❯ 机械瞄准具

Scout 步枪设计有机械瞄准具,其准星呈刀型,可修正瞄准方向,而且觇孔照门也可以修正高低,这为射手操枪射击带来了极大的便利。

加拿大 C7/C8 突击卡宾枪

> **人性化设计**
>
> C7 突击卡宾枪机匣上设计有抛壳方向转换器，左撇子射手也可以方便使用。

C7 和 C8 突击卡宾枪由加拿大迪玛科公司生产，枪弹由瓦卡梯尔工业公司生产，刺刀由内拉·卡特勒里装备公司提供。C7 和 C8 突击卡宾枪都是以美国 M16A1/A2 突击步枪为原型而制造的仿制产品。C7 和 C8 卡宾枪采用柱形准星和觇孔表尺，可配装光学瞄准镜，发射美国 M193 式 5.56 毫米枪弹，也可发射北约 SS109 式 5.56 毫米枪弹。目前 C7 和 C8 卡宾枪仍在生产，并装备加拿大军队。其中，C7 卡宾枪装备步兵部队，C8 卡宾枪装备装甲部队、特种部队等。

枪管制造

C7 卡宾枪枪管经冷锻而成并镀铬，C8 卡宾枪枪管经锤锻而成，二者相同点在于使用寿命高、精度高。

C7 突击卡宾枪基本数据

口径：5.56 毫米

枪长：1 020 毫米

枪重：3.9 千克

弹容：30 发

枪口初速：940 米 / 秒

有效射程：400 米

➤ 改进型号

迪玛科公司曾对 C7 突击卡宾枪进行改进，生产出 C7A1 卡宾枪。C7A1 卡宾枪可发射枪榴弹，作战用途更加广泛。

图书在版编目(CIP)数据

精准射击——步枪／崔钟雷主编. -- 北京：知识
出版社，2014.6
（经典兵器典藏）
ISBN 978-7-5015-8012-5

Ⅰ．①精… Ⅱ．①崔… Ⅲ．①步枪 –世界 – 青少年读
物 Ⅳ．①E922.12–49

中国版本图书馆 CIP 数据核字（2014）第 123730 号

精准射击——步枪

出 版 人	姜钦云	
责任编辑	李易飚	
装帧设计	稻草人工作室	
出版发行	知识出版社	
地 址	北京市西城区阜成门北大街 17 号	
邮 编	100037	
电 话	010–51516278	
印 刷	莱芜市新华印刷有限公司	
开 本	787mm×1092mm 1/24	
印 张	4	
字 数	100 千字	
版 次	2014 年 7 月第 1 版	
印 次	2014 年 7 月第 1 次印刷	
书 号	ISBN 978-7-5015-8012-5	
定 价	24.00 元	